DIESES COOLE HERBST-FERIEN HEFT

GEHÖRT ____________________

KLASSE ____________ ALTER ____________

HOBBIES ____________________

____

LIEBLINGSFARBE ____________________

Wenn ich ein Lama wäre, sähe ich so aus:

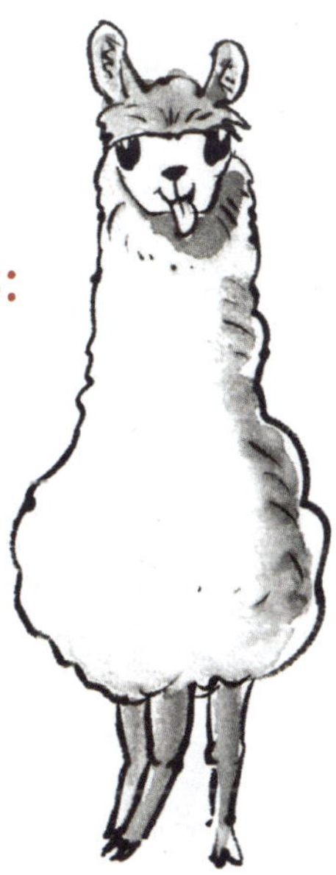

Male dich als Lama!

Tolle Ferien wünschen dir

und COOL LAMA®

HEY DU,

willkommen im Lama-Ferienclub. Toll, dass du mit mir und meinen Freunden Zeit verbringst!

Du weißt es noch nicht, aber ... auch DU bist ein Lama! Finde heraus, ob du es zum Pupsi Lama oder Rockstar Lama schaffst: Löse möglichst viele Seiten in diesem Heft. Markiere die gelösten Seiten, indem du das Kästchen um die Seitennummer ausmalst. So kannst du am Ende schnell nachzählen, zu welchem Lama du es gebracht hast.

Tipp: Da es jüngere und ältere Clubmitglieder gibt, unterscheiden wir auf einigen Seiten drei Lama-Level. Level Gelb ist für alle geeignet, Level Grün ist schon etwas kniffeliger und Level Blau ist vor allem für die Oldies im Club.

Viel Spaß!
Dein COOLLAMA

Deinen Lama-Rang erfährst du hinten im Heft.

MEIN START INS NEUE SCHULJAHR

Ich gehe dieses Jahr in die Klasse ____________ .

Bisher finde ich es ________________________ .

Meine besten Freunde und Freundinnen sind ________________________________

____ .

Das hat mir am neuen Schuljahr bisher am besten gefallen:

Besonders stolz bin ich ________________________________

____

____ .

In den Ferien möchte ich jetzt unbedingt ______________

____

____ .

Lama-Level:

RECHEN-RAD

Fülle die Lücken.
Die Zahlen in den beiden äußeren Kreisen ergeben zusammen die Zahl in der Mitte.

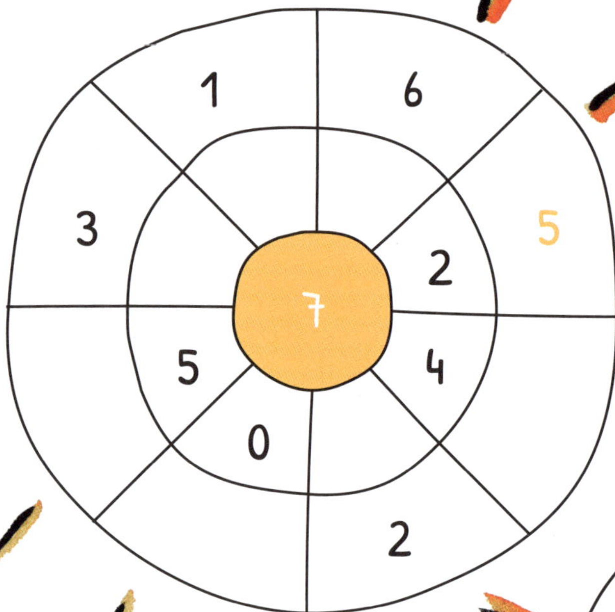

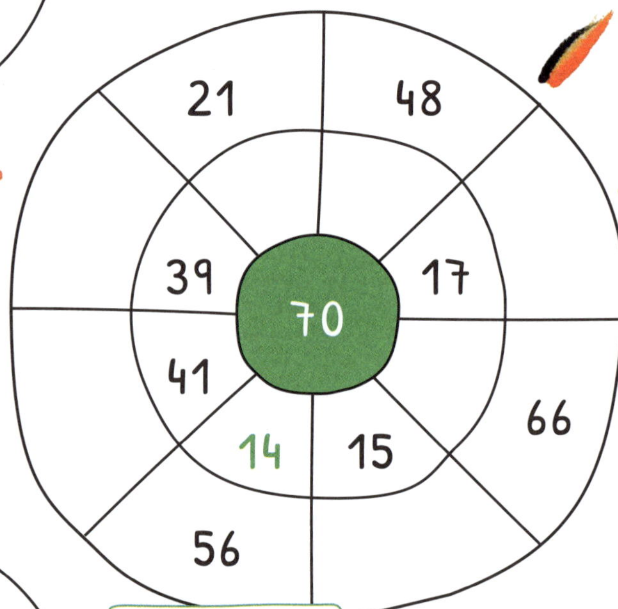

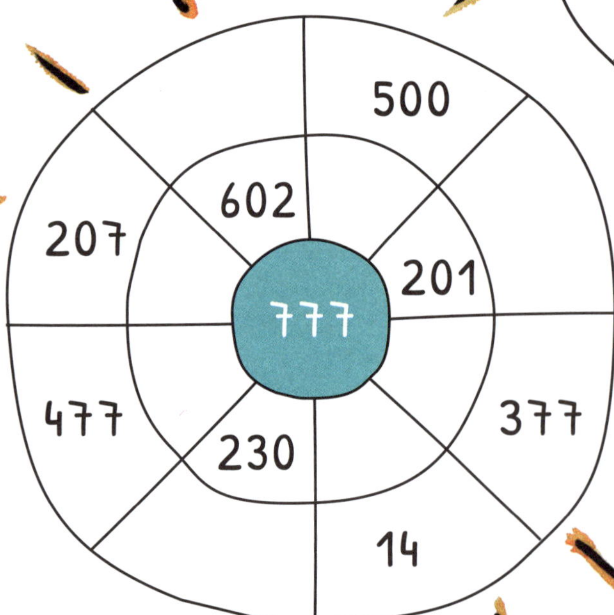

HERBST-FERIEN

Die Lösung findest du hinten im Heft.

LAMA-GRÜBELEI

Lama-Level:

Rechne die beiden größeren Zahlen zusammen und ziehe die kleinste Zahl ab.
Kreise das richtige Ergebnis ein.

3 4 2

0 5 1

7 2 1

2 3 8

50 20 30

50 70 60

100 100 100

200 300 100

8 92 5

87 85 95

76 22 15

87 83 81

280 578 316

614 932 408

152 202 77

177 377 277

WER BIN ICH?

Finde heraus, wer ich bin.

Male hier die Lösung!

1. Ich bin ein ganz freundliches Lama.
2. Meine Augenfarbe ist schwarz.
3. Ich habe keine tief hängenden Ohren.
4. Meine Schnauze ist hell.
5. Um mich herum haben einige Lamas gelbes Fell.
6. Mit meiner Fellfarbe steche ich oft hervor.
7. Das Lama neben mir hat grünes Haar.

Die Lösung findest du hinten im Heft.

VOGELSCHEUCHEN-MATHE

Lama-Level:

Der Hut der Vogelscheuche zeigt das Ergebnis. Fülle die Lücken.

Die Lösung findest du hinten im Heft.

In der Buchstabenbox haben sich neun Wörter rund um Lamas, Kamele und Co versteckt. Findest du sie alle?

R	W	W	A	S	S	E	R	H	I
Q	T	E	P	O	Ü	L	M	U	N
D	R	O	M	E	D	A	R	V	E
A	L	P	A	K	A	S	O	U	P
X	W	U	P	K	M	T	R	S	H
S	P	U	C	K	E	N	M	C	K
H	Ö	C	K	E	R	A	S	J	E
X	W	U	P	K	I	E	N	Ü	W
J	Ä	Z	F	T	K	A	C	K	A
P	U	P	S	Y	A	N	D	E	N

1. ____________________
2. ____________________
3. ____________________
4. ____________________
5. ____________________
6. ____________________
7. ____________________
8. ____________________
9. ____________________

Die Lösung findest du hinten im Heft.

RECHEN-STERN

Lama-Level:

Den Rechen-Stern gibt es auf dieser und der folgenden Seite in zwei Schwierigkeitsgraden. Schneide die Dreiecke aus, mische und lege den Stern richtig zusammen. Passe dabei auf, dass du die richtige Farbe, entsprechend deines Lama-Levels, verwendest.

Idee: Schreibe dir die Ergebnisse klein zu den Aufgaben – aber natürlich erst NACH dem Ausschneiden, Mischen und Rechnen. Schummeln gilt nicht!

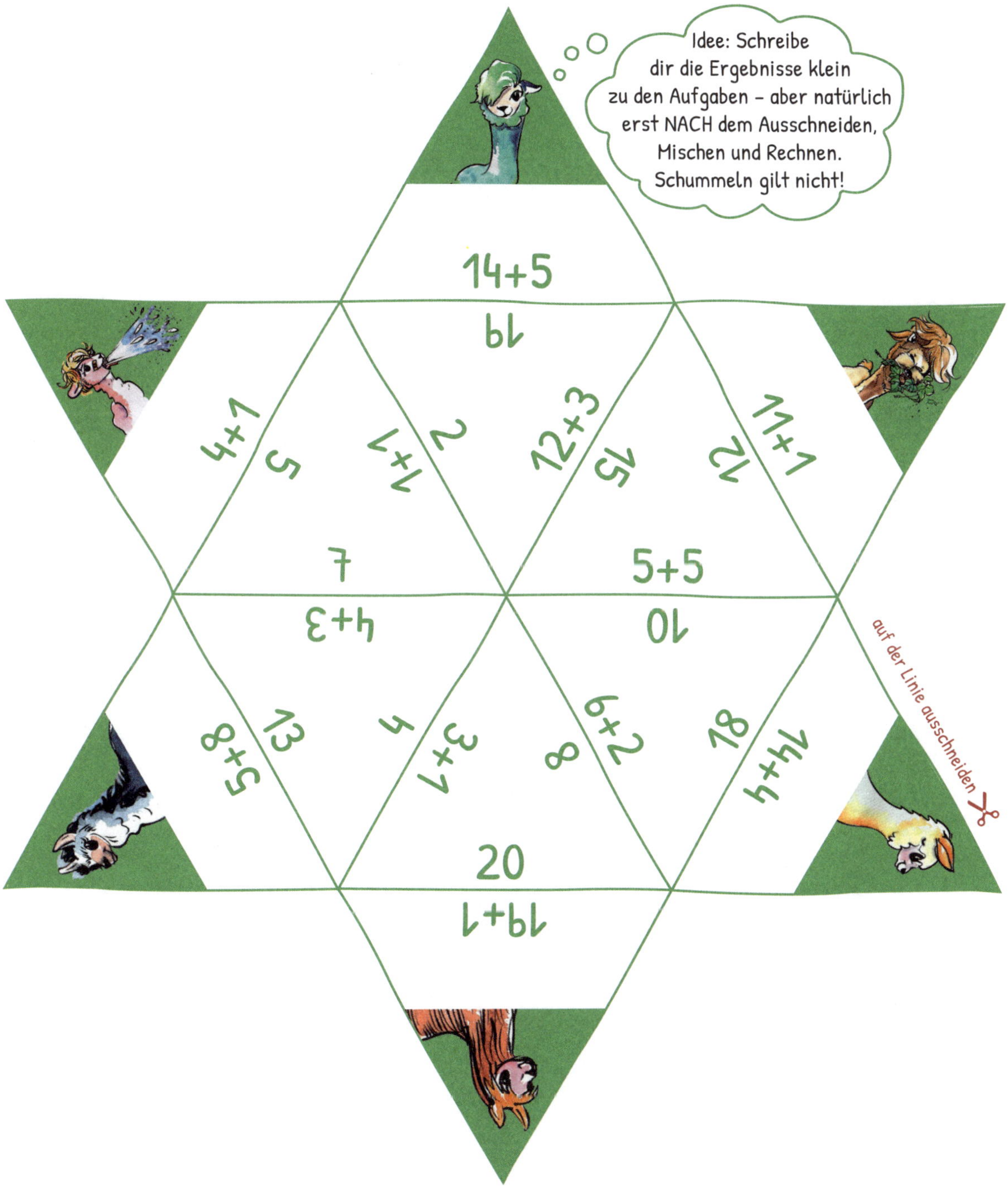

Die Lösung findest du hinten im Heft.

Lama-Level:

RECHEN-STERN

Den Rechen-Stern gibt es auf dieser und der vorherigen Seite in zwei Schwierigkeitsgraden. Schneide die Dreiecke aus, mische und lege den Stern richtig zusammen. Passe dabei auf, dass du die richtige Farbe, entsprechend deines Lama-Levels, verwendest.

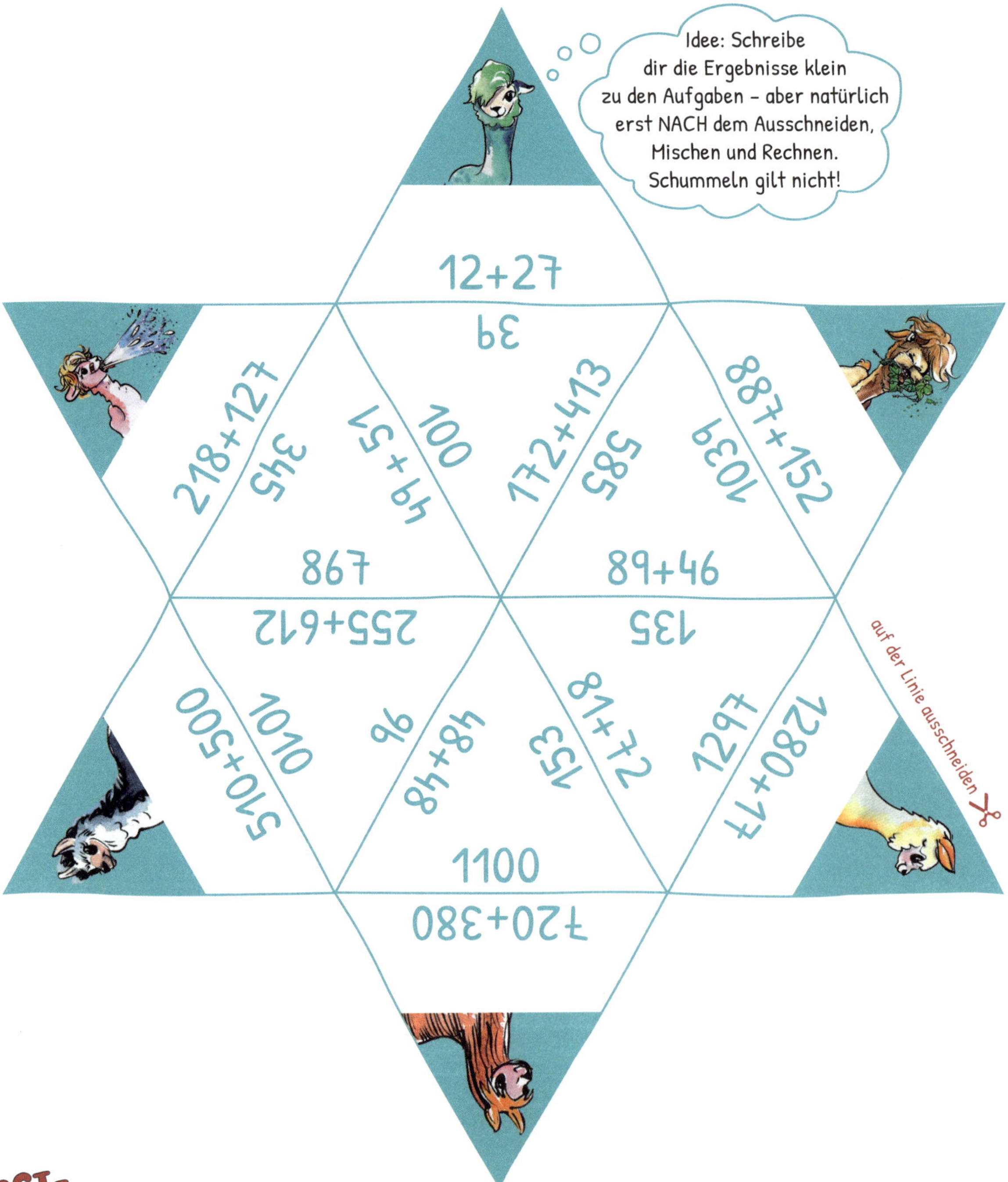

Die Lösung findest du hinten im Heft.

COOLE FERIENIDEEN

- [ ] eine Pizza selber machen
- [ ] ein Indoor-Zelt aus Decken, Tischen und Stühlen bauen
- [ ] ein eigenes Theaterstück erfinden
- [ ] in die Bücherei gehen
- [ ] einen Riesenberg aus Blättern aufhäufen und hineinspringen
- [ ] ein Vogelhäuschen basteln
- [ ] einen Regenspaziergang machen und in Pfützen springen
- [ ] eingekuschelt auf der Couch ein tolles Buch lesen
- [ ] Kunstwerke aus Kastanien, Eicheln und Stöcken bauen
- [ ] einen Waldspaziergang machen
- [ ] Oma und Opa einen Brief schreiben

- [ ] Freundschaftsbänder knüpfen
- [ ] Inliner oder Rollschuh fahren
- [ ] Blätter sammeln und pressen
- [ ] das Kinderzimmer umgestalten
- [ ] mit Freunden Hockey spielen
- [ ] ein weißes T-Shirt batiken oder bemalen
- [ ] Drachen steigen lassen
- [ ] Stockbrot am Lagerfeuer machen
- [ ] einen Wildpark besuchen
- [ ] einen eigenen Flohmarkt veranstalten
- [ ] leckere Muffins backen
- [ ] auf eine Nachtwanderung mit Taschenlampe gehen
- [ ] mit Freunden Fußball spielen
- [ ] eine Marmelade selber einkochen (z. B. aus Holunder, Birnen und Pflaumen, mmjamm!)
- [ ] Geocaching ausprobieren
- [ ] viele Rätsel aus deinem Ferienheft lösen

Lama-Level:

MAL-EIMER

·	5	9
8		
10		

·	7	3
6		
4		

Es beginnt einfach! Rechne aus.

·	8	10
2	16	
7		70

Oh nein! Einige Zahlen sind aus den Eimern gefallen! Setze die Zahlen an den richtigen Stellen ein.

·	6	
	12	
9		

2 27 3 6 54

·		7
4		
		35

8 28 32 5 40

81 6 30 5 54

·	9	
	45	
9		

Die Lösung findest du hinten im Heft.

LESEECKE

Dieses Buch habe ich in den Ferien gelesen:

Titel:

____

Autor:

____

- ☐ Sachbuch
- ☐ Geschichte
- ☐ Comic
- ☐ Abenteuer
- ☐ Sport
- ☐ Zeitschrift
- ☐ etwas ganz anderes

____

Darum ging es:

____

____

____

____

____

So hat es mir gefallen,

weil ____________________

____

____

____________________.

Ich habe es ausgewählt, weil

____

____

____

____________________.

QUIZ MIT PROFESSOR PROTZI

1. Welcher Apfel schmeckt fürchterlich?
2. Welche Birne wird niemals faul?
3. Welches Fieber kann kein Arzt messen?
4. Welche Brille trägt man nicht auf der Nase?
5. Welcher Löwe kann besonders gut schwimmen?
6. Auf welcher Tafel kann man nicht schreiben?
7. Welcher Vogel hat keine Flügel?
8. Wie transportiert man Wasser in einem Sieb?

1. der Pferdeapfel
2. die Glühbirne
3. das Lampenfieber
4. die Klobrille
5. der Seelöwe
6. auf der Schokoladentafel
7. der Spaßvogel
8. gefroren

WER WAR'S?

Welches Lama hat hier hingeköttelt?!
Rechne die Aufgaben der Reihenfolge nach aus.
Markiere das Ergebnis und finde den Übeltäter!

1	6	7	8	0	6	10	2
9	4	2	6	1	3	3	1
8	7	8	4	7	5	9	8
1	10	3	8	3	6	7	10
5	4	6	1	10	8	2	5
3	9	2	7	0	8	4	10
4	8	7	5	2	8	9	7
2	3	9	4	10	3	0	8

a) 3 + 2 = 5
b) 3 + 1 = 4
c) 8 + 2 = 10
d) 3 + 4 = ____
e) 2 + 2 = ____
f) 4 + 2 = ____
g) 5 + 2 = ____
h) 4 + 4 = ____

i) 2 + 4 = ____
j) 3 + 1 = ____
k) 1 + 6 = ____
l) 1 + 4 = ____
m) 3 + 3 = ____
n) 1 + 7 = ____
o) 2 + 8 = ____
p) 1 + 0 = ____

q) 2 + 5 = ____
r) 4 + 1 = ____
s) 1 + 3 = ____
t) 6 + 4 = ____
u) 2 + 1 = ____
v) 7 + 1 = ____
w) 5 + 4 = ____
x) 4 + 3 = ____

Die Lösung findest du hinten im Heft.

Lama-Level:

LAMA KUNTERBUNT

Löse die Aufgaben und male in den entsprechenden Farben aus.

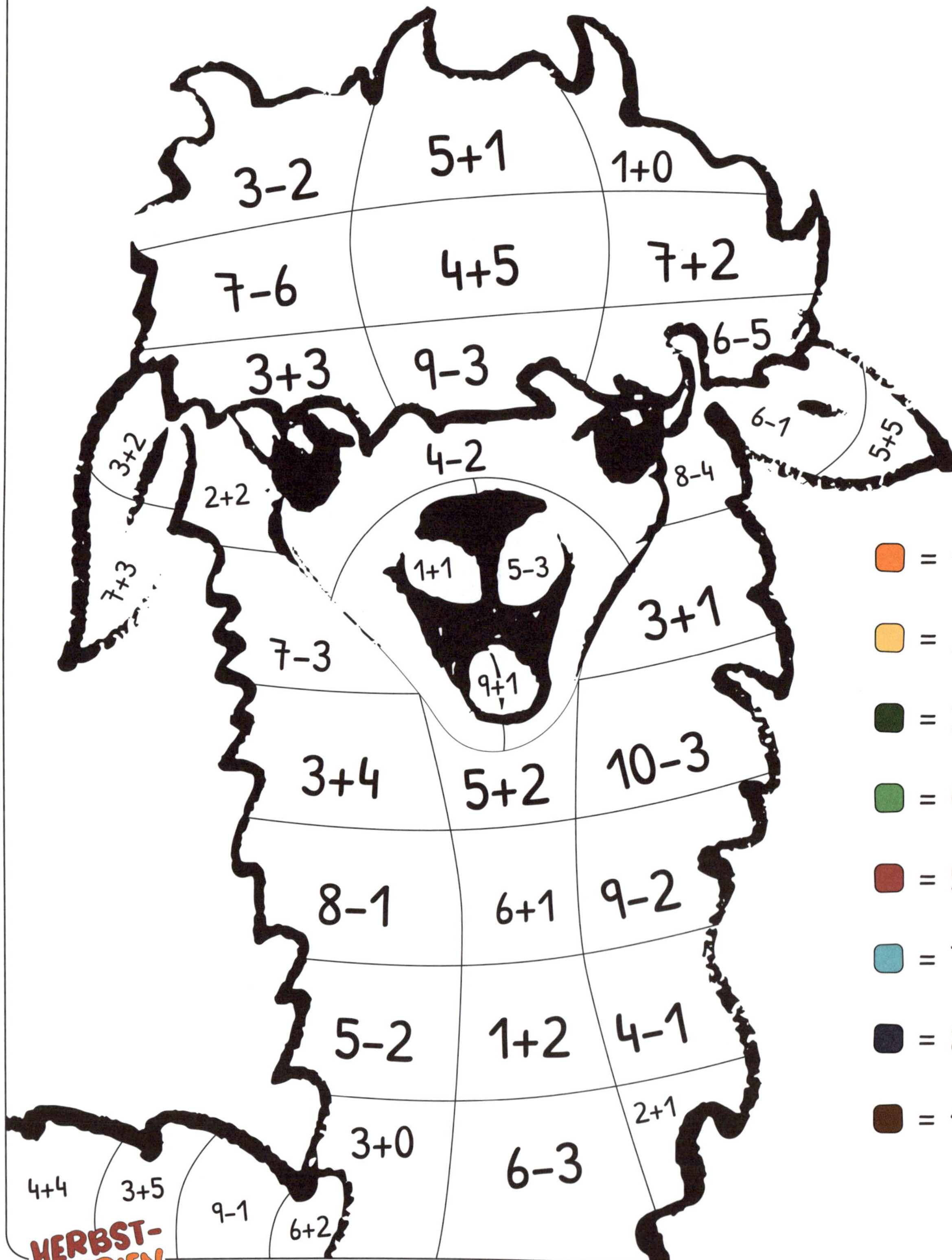

- = 1, 6 oder 9
- = 2
- = 3
- = 4
- = 5
- = 7
- = 8
- = 10

KREUZWORTRÄTSEL

Beantworte die Fragen.

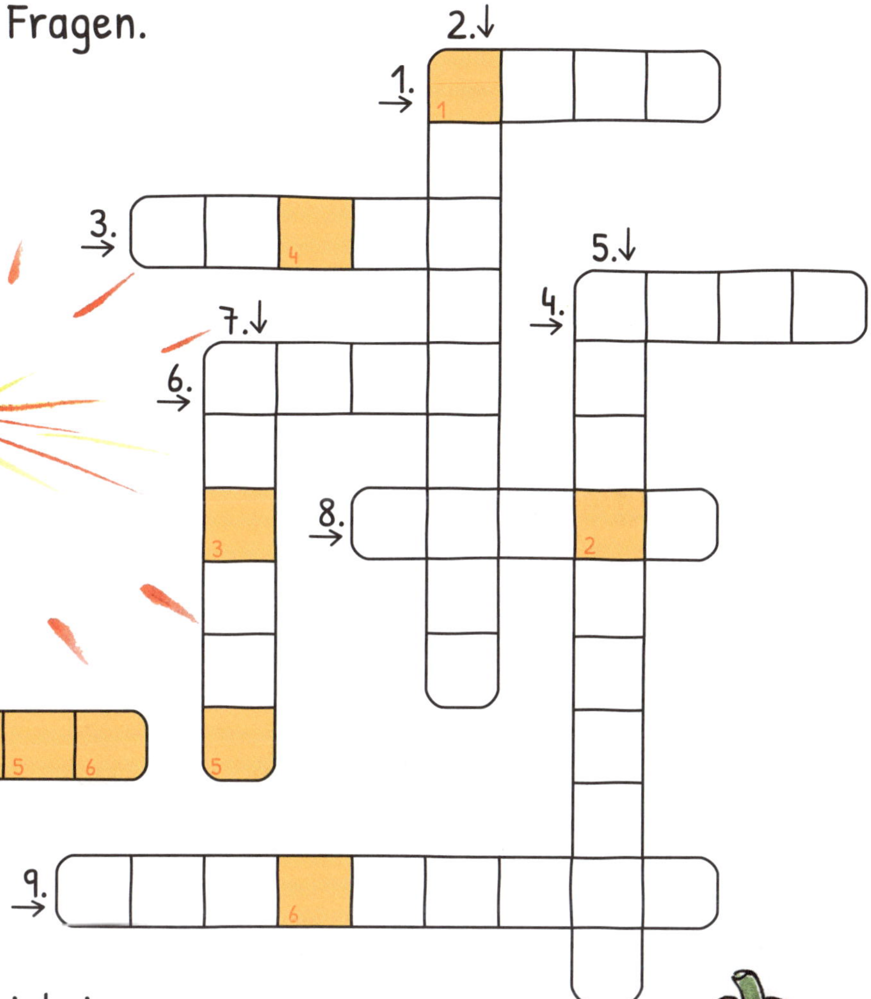

1. Bibi Blocksberg ist eine ...
2. Fest, bei dem man von Tür zu Tür geht, um Süßigkeiten zu bekommen
3. Sichtbarer, feuchter Dunst
4. Blätter von Bäumen und Sträuchern
5. Wird meist nachts im Freien entzündet
6. Saal mit großer Leinwand, auf der Filme gezeigt werden
7. Herbstliche, runde und meist orangene Frucht
8. Fällt aus Wolken hinunter
9. Braune Früchte, die sich in einer stacheligen Hülle befinden und im Herbst vom Baum fallen

LAMA-LUPE

Entdeckst du, welche Bildausschnitte hier durch die große Lama-Lupe angesehen werden? Kreise ein.

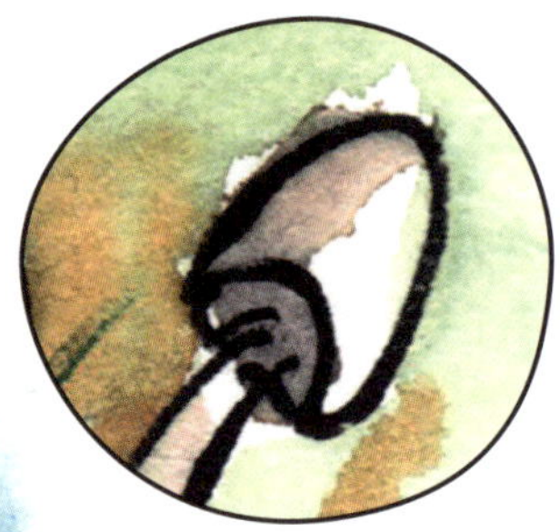

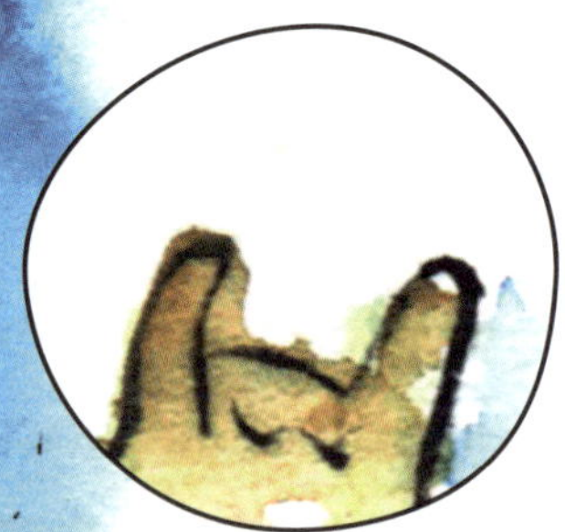

HERBST-FERIEN

Die Lösung findest du hinten im Heft.

Lama-Level:

Rechne die Aufgaben aus und löse das Rätsel.

1. Löse alle Aufgaben

20–5	8:2	48–31	6·3	7+4	4·5	
15						
M						–

3. Trage die passenden Buchstaben ein und entziffere die Lösung!

2·50	30–18	25:5	57–52	3·4	5·7

2. Welches Ergebnis steht für welchen Buchstaben?

4	11	17	20	12	15	100	5	18	35
A	C	T	H	E	M	W	T	S	R

Die Lösung findest du hinten im Heft.

Lama-Level:

KASTANIEN-PYRAMIDEN

Setze die fehlenden Zahlen ein.

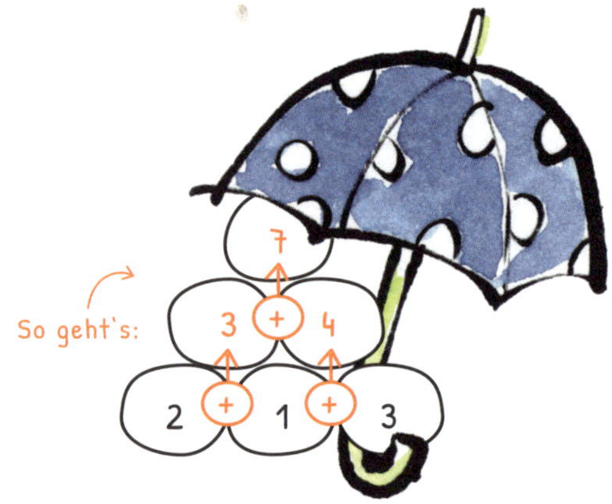

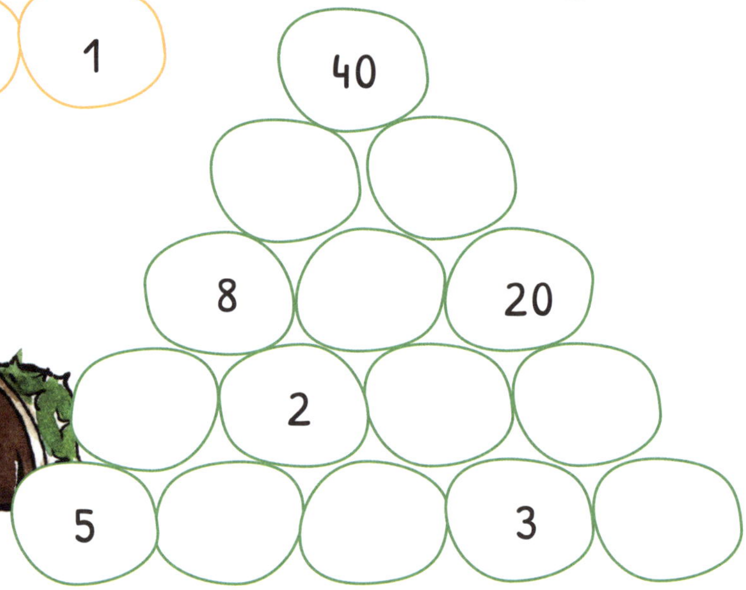

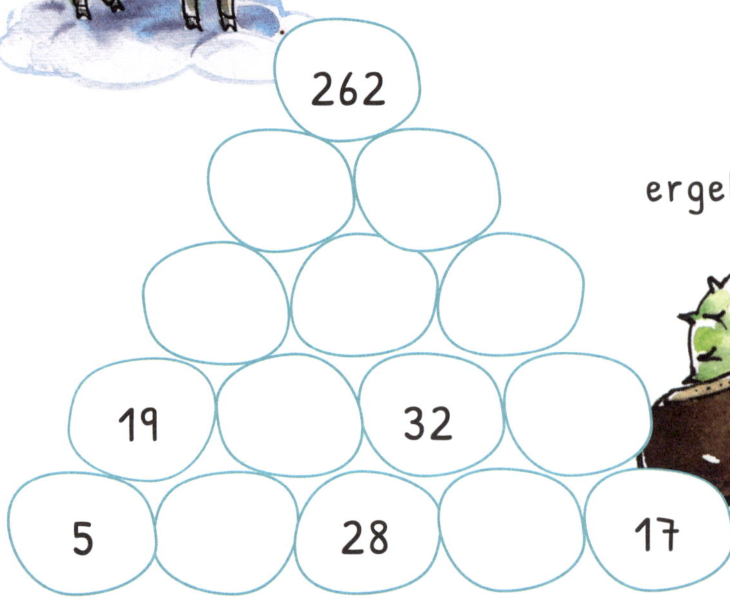

Zwei Kastanien nebeneinander ergeben die Zahl darüber.

HERBST-FERIEN

YOGA MIT YOGI

Hallo und Namaste,

bist du bereit für eine Runde Yoga?

Heute versuchen wir uns am „herabschauenden Hund". Diese Stellung ist super für den Rücken und die Schultern. Vor allem nach einem langen Schultag!

Zuerst begibst du dich auf alle viere. Gehe mit den Knien auf den Boden und stelle die Hände vor dich. Ganz so, als ob du ein Hund wärst.

Nun bleiben Hände und Füße auf dem Boden, du gehst aber mit den Knien hoch und streckst deinen Popo in die Höhe. Gaaanz hoch! Arme und Beine sind jetzt durchgestreckt. Dein Kopf ist zwischen deinen Armen und zeigt zum Boden.

Na, das fühlt sich doch gut an, oder?

Bleibe ein bisschen in der Position und atme fünfmal tief durch. Lasse alle Sorgen und jeden Stress beim Ausatmen aus deinem Körper weichen.

Entspannt das nicht toll?!

Jetzt bist du bereit nochmal eine Runde zu rechnen. ☺
Viel Spaß dabei!

Namaste.
Dein Yogi Lama

KÖTTEL-CHAOS

In jedem Köttelhaufen versteckt sich ein Wort. Findest du es?

Die Lösung findest du hinten im Heft.

1 · 1 Bingo

1	2	3	4	5
2		8	10	12
12	18	24	30	36
3	6	9		15
5	10	15	20	25

Dieses Spiel kann man toll zu zweit spielen!
Würfele mit zwei Würfeln, multipliziere die Zahlen und kreuze das Ergebnis in deinem Bingo-Feld an.
Wer hat zuerst eine Reihe voll und wird Bingo-Boss?

1 · 1 Bingo

1	2	3	4	5
2	4	8		12
12	18	24	30	36
3		9	12	15
5	10	15	20	25

Wenn du das Spiel mehrmals spielen möchtest, kopiere dir diese Seite am besten vor dem ersten Einsatz.

Lama-Level:

LAMA-LOGIK

Welche Zahlen verstecken sich unter den Lamas?

1	2	3	4	5	6		8	9	10
11									20
21									30
31									40
41									50
51									
61									70
									80
81									90
91	92		94	95	96	97	98	99	100

					806				
					816				
	882								
	892								

HERBST-FERIEN

LAMA-LESEZEICHEN

Bastle dir ein Lesezeichen!

Male dein Lesezeichen an und schneide es aus. Falte es in der Mitte und klebe die Hälften zusammen. Wenn du magst, kannst du auch an der markierten Stelle noch eine hübsche Kordel befestigen.

Setze die Muster fort.

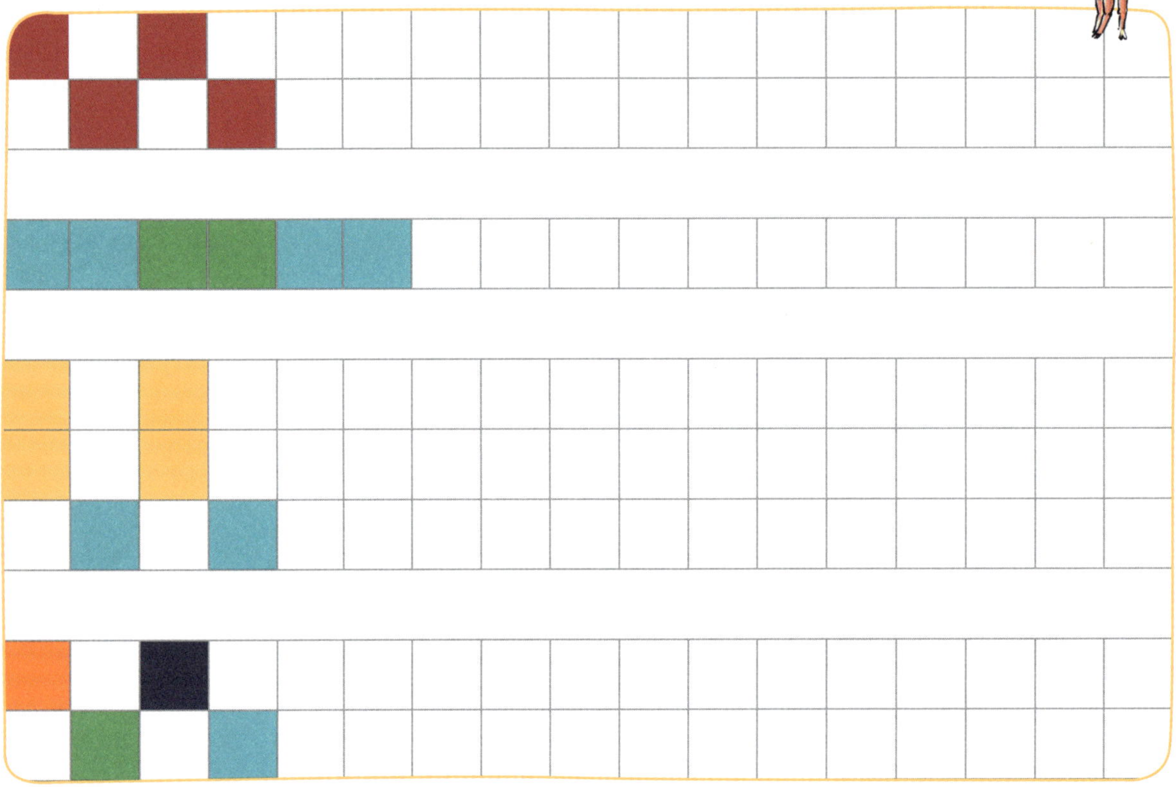

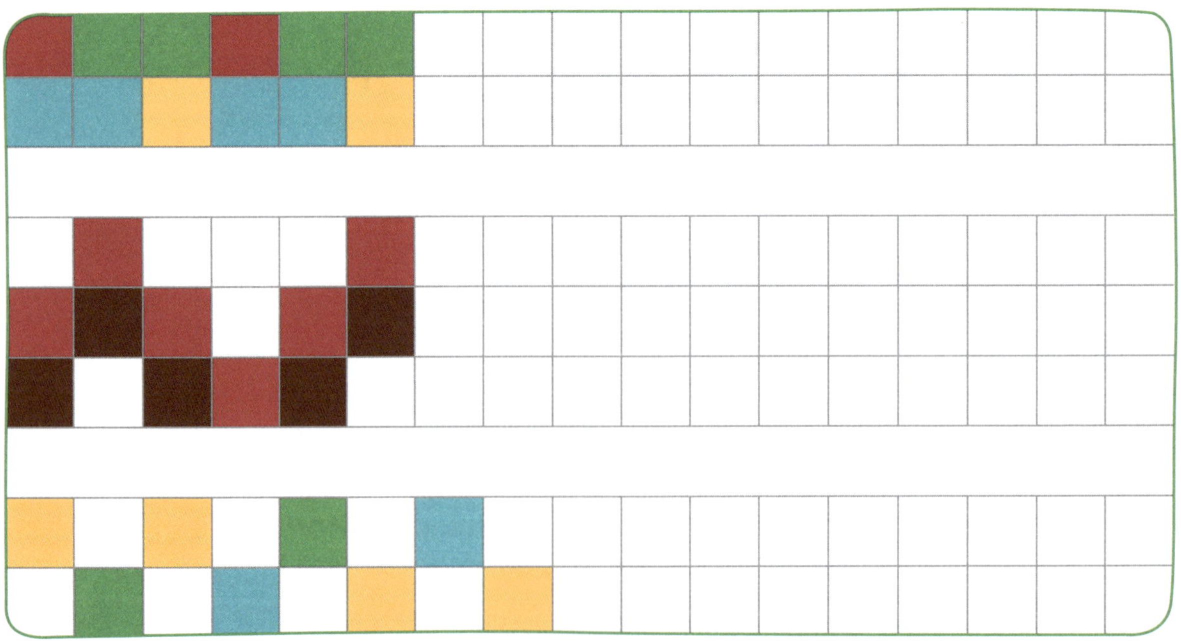

RECHNEN UND MALEN

Lama-Level:

Rechne schriftlich und male die Ergebnisfelder aus.

		2	8	1
+		5	1	9

		6	2	3
+			1	7

		4	3	1
+		4	9	2

		7	9	9
+		1	3	5

		5	6	4
+		3	6	8

		9	9	9
−		7	6	8

		6	5	0
−		3	2	8

		9	6	7
−		8	3	0

		3	1	2
−			9	9

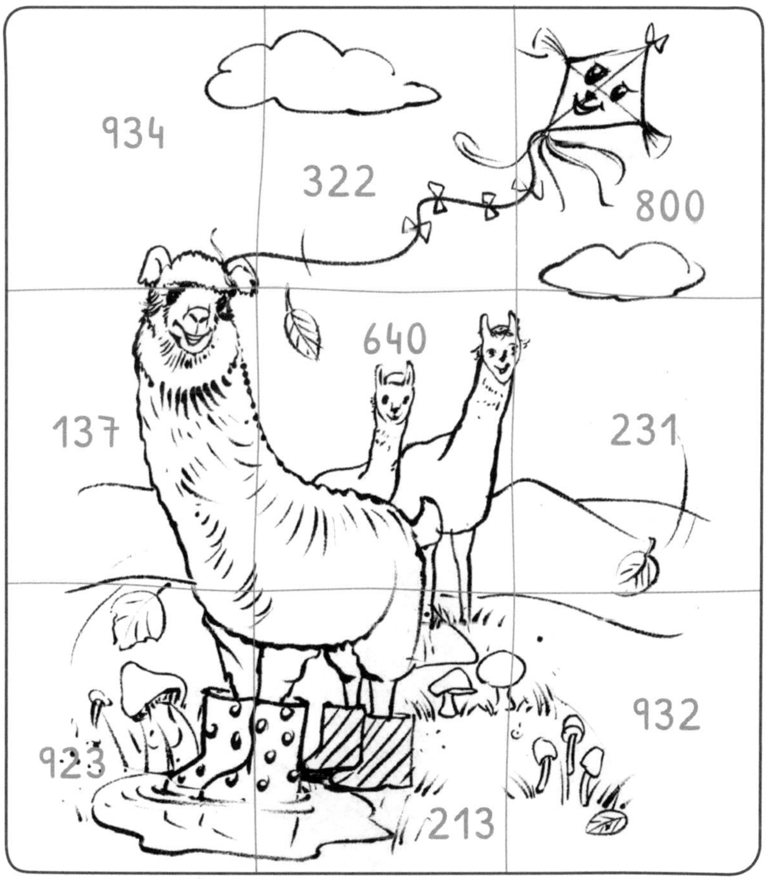

Kreuze an.

Ein Lolli kostet 1,20 €.
Welches Lama kann
sich einen Lolli kaufen?

Ja
Nein

Ja
Nein

Ja
Nein

Ja
Nein

Ja
Nein

Ja
Nein

WO SIND SIE?

Lama Lara hat ihre Freunde Mara und Magnus verloren. Hilf ihr sie wiederzufinden!
Folge den Linien und schreibe die Buchstaben auf, dann findest du heraus, wo Mara und Magnus sind.

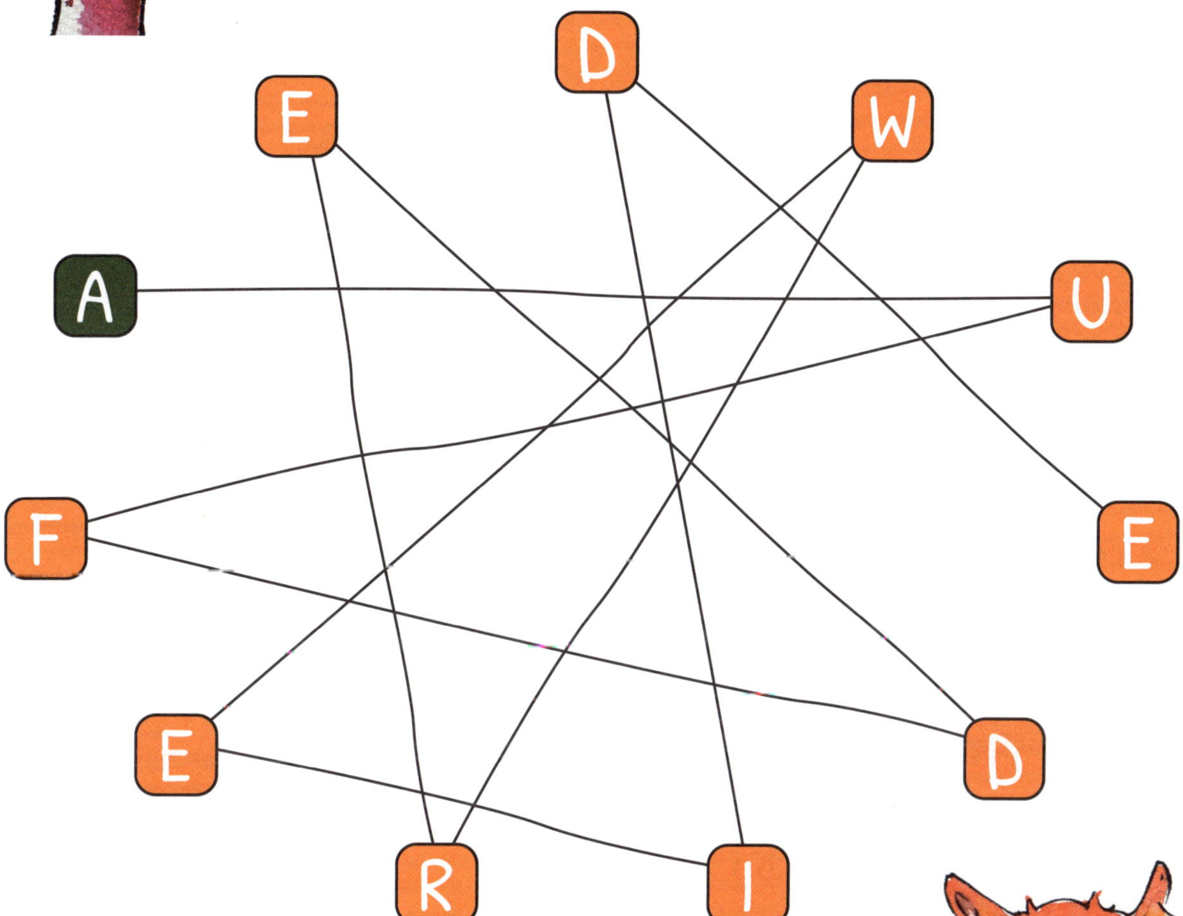

Wir sind

____

____

Die Lösung findest du hinten im Heft.

FERIEN-BINGO

Finde jemanden, der / die ...

PUDDING ____________________
APFEL ____________________
NUDELN ____________________
gegessen hat.

im ZELT ____________________
im HOTEL ____________________
auf einem SCHIFF ____________________
Urlaub gemacht hat.

ein BUCH gelesen hat.
Wer? ____________________
Welches? ____________________

in den Ferien
am STRAND ____________________
in den BERGEN ____________________
auf dem LAND ____________________
in einer STADT ____________________
ZUHAUSE ____________________ war.

mit
einem FLUGZEUG ____________________
einem AUTO ____________________
einem ZUG ____________________
einem SKATEBOARD ____________________
einem FAHRRAD ____________________
unterwegs war.

im Regen NASS geworden ist.
____

sich GELANGWEILT hat.
____

GEBURTSTAG hatte.
Wer? ____________________
Wie alt? ____________________

für die SCHULE gelernt hat.
____

sich auf
die SCHULE ____________________
die nächsten FERIEN ____________________
freut.

einen STURM erlebt hat.
____

HERBST-KNOBELEI

Lama-Level:

Findest du heraus, welche Zahlen du einsetzen musst, damit die Gleichungen stimmen?

Lama-Level:

ZAPFENSTREICH

Rechne die Aufgaben und löse das Rätsel.

1. Löse alle Aufgaben. Beginne mit der linken Spalte.

7 · 7 =	49 → S	56 → A	373 – 120 =	253 → F	233 → C
172 + 55 =	217 → T	227 → C	108 : 9 =	12 → E	15 → I
88 : 8 =	10 → L	11 → H	14 · 5 =	170 → M	70 → R
284 – 150 =	134 → Ö	137 → P	64 : 8 =	8 → I	6 → J
9 · 8 =	72 → N	81 → F	90 · 6 =	54 → D	540 → E
1020 – 920 =	110 → K	100 → E	212 + 250 =	472 → S	462 → N

2. Das passende Ergebnis verrät dir den richtigen Buchstaben.

3. Lösungssatz

HERBST-FERIEN

RICHTIG ODER FALSCH?

Lama Fun Facts: richtig oder falsch? Kreise jeweils den Buchstaben in der passenden Farbe ein.

1) Die Kacka von Lamas stinkt nicht! | L | G |
2) Lamas sind eine Art von Kamel. | A | R |
3) Ein erwachsenes Lama ist schneller als ein Gepard. | O | M |
4) Lamas kommen aus Mallorca. | S | A |
5) Lamas spucken meist, um anderen Lamas zu zeigen, dass sie der Boss sind. | K | H |
6) Sie spucken nicht nur Wasser, sondern auch halb verdautes Essen aus. | Ö | Ü |
7) Lamas können nicht schwimmen. | P | T |
8) Lamaherden werden immer von einer Leitstute angeführt. | T | F |
9) Lamas essen gerne Kekse. | H | E |
10) Wenn Lamas die Ohren anlegen und den Schwanz hochstellen, fühlen sie sich unwohl. | L | R |

LÖSUNGSWORT: _ _ _ _ _ _ _ _ _ _

Dreh die Seite um und werde ein Lama-Profi!

1) Richtig! Da der Lamamagen das Essen besonders gut verdaut und verwertet, ist die Kacka von Lamas fast geruchlos.
2) Richtig! Auch wenn sie etwas kleiner sind und keinen Höcker haben, gehören die Lamas zur Familie der Kamele.
3) Falsch! Lamas können zwar gut steile Wege meistern, sonderlich schnelle Tiere sind sie aber nicht.
4) Falsch! Lamas stammen aus einem ganz anderen Kontinent, nämlich Südamerika.
5) Richtig! Mit dem Spucken klären die Lamas die Rangordnung in der Herde.
6) Richtig! Daher ist die ausgespuckte Masse meist auch grünlich und stinkt.
7) Falsch! Lamas sind recht gute Schwimmer.
8) Richtig! Die Lama-Ladies in einer Herde sind immer ranghöher als die männlichen Lamas.
9) Falsch! Davon würden sie ganz schlimme Bauchschmerzen bekommen. Lamas genießen viel lieber Gräser und krautartige Pflanzen.
10) Richtig! Wenn dann noch gurgelnde Geräusche hinzukommen, sollte man lieber das Weite suchen.

Die Lösung findest du hinten im Heft.

WER MACHT WAS?

Welches Lama hat welches Hobby? Folge den Linien, sammle die Buchstaben und finde es heraus!

JULIAN	FRANZL	MALIN	PRINCESS
_ _ _ _ _ _ _ _	_ _ _ _ _	_ _ _ _ _ _ _ _ _	_ _ _ _ _ _

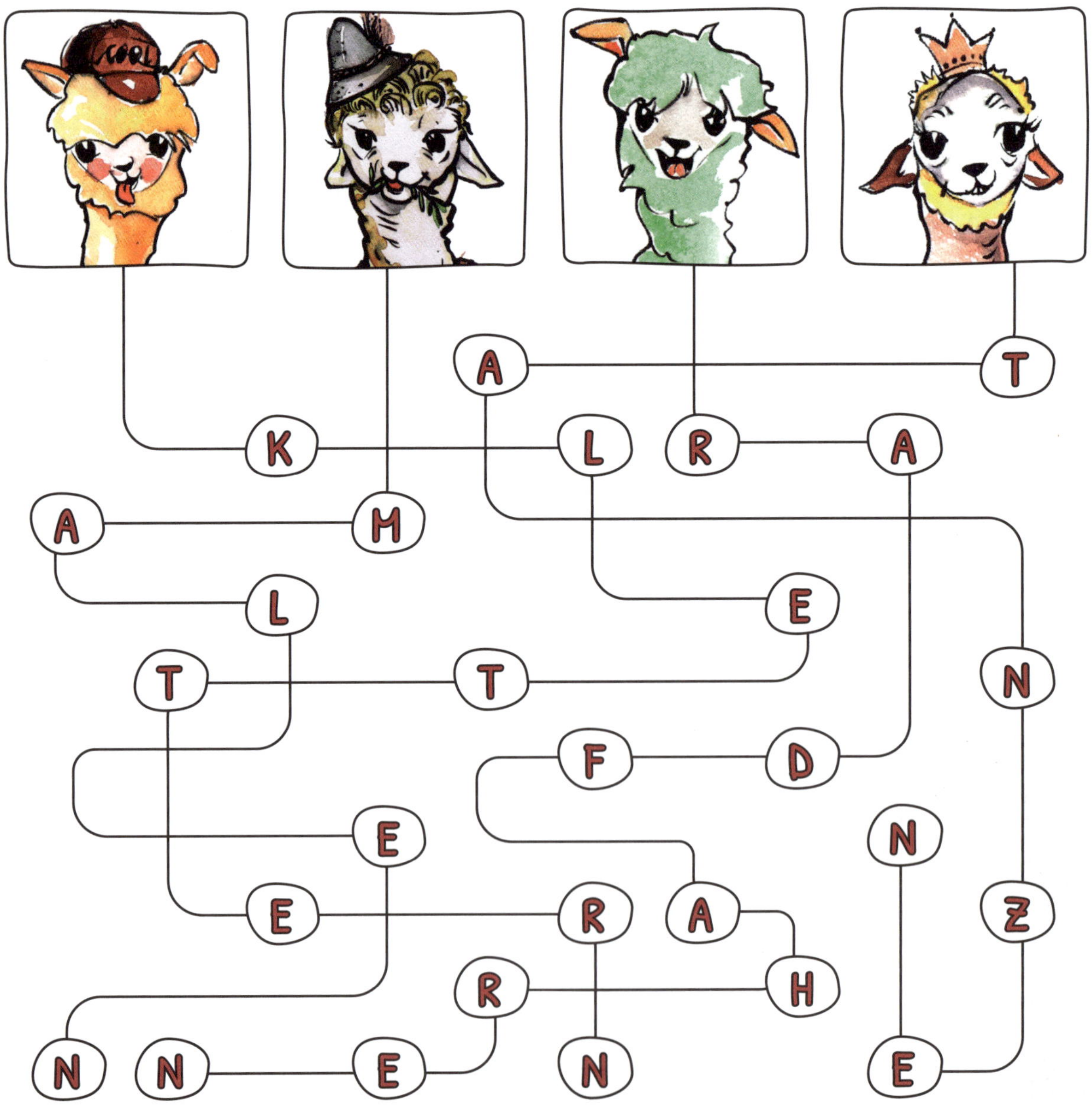

Die Lösung findest du hinten im Heft.

ZAHLEN ZERLEGEN

Lama-Level:

Löse die Zahlenhäuser.

8	
3	5

7	
	5

2	3

6	
4	

4	
	1

0	1

10	
4	

3	
	2

5	4

7	
3	

8	
	2

1	1

Die Lösung findest du hinten im Heft.

Lama-Level:

ZAHLEN-LAMAS

Meine Zahl hat 3 Zehner und 1 Einer. Sie hat genau so viele Zehner wie Hunderter und doppelt so viele Tausender. Welches Lama bin ich?

Meine Zahl ist die größte vierstellige, gerade Zahl. Welches Lama bin ich?

Meine Zahl liegt zwischen 300 und 400. Sie hat die Ziffern 3,4 und 6. Welches Lama bin ich?

Meine Zahl ist die kleinste Zahl, die man aus den Zahlen 7,3 und 9 bilden kann. Welches Lama bin ich?

Welche zwei Lamas sind nicht beschrieben?

Meine Zahl ist die größte Zahl, die man aus den Ziffern 4, 5 und 3 bilden kann. Welches Lama bin ich?

Meine Zahl ist die kleinste, ungerade, dreistellige Zahl. Welches Lama bin ich?

Die Lösung findest du hinten im Heft.

LAMA-LABYRINTH

Mit Pups-Kraft durchs Labyrinth.
Zeige dem Lama den Weg zum Lolli.

Die Lösung findest du hinten im Heft.

MEIN SCHÖNSTER FERIENTAG

Das habe ich heute erlebt:

___

___

___

Hier war ich:

___

___

Wir sind dorthin gekommen …

- ☐ mit dem Fahrrad
- ☐ mit dem Auto
- ☐ mit dem Bus
- ☐ zu Fuß
- ☐ ___

Platz für ein Foto oder ein Bild

Dabei war

___

___

___.

Das Tolle daran war

___

___

___.

Als Andenken habe ich

___

___

mitgenommen.

Am besten kopierst du dir diese Seite, bevor du sie ausfüllst.
Dann kannst du mehrere Erlebnisse festhalten.

HERBSTSTURM

Lama-Level:

Der Sturm hat die Ergebnisse durcheinander geweht! Verbinde.

$1 + 1 + 1 + 1 + 1 + 1 + 1 =$

$1 + 2 + 1 + 2 + 1 + 2 + 1 =$

$20 - 10 + 20 - 20 - 10 + 0 - 0 =$

$5 + 10 + 15 + 5 - 25 - 10 + 15 =$

$10 + 20 + 30 + 40 - 10 - 20 - 30 =$

$100 - 50 + 100 - 50 - 100 + 50 + 50 =$

$80 + 80 + 80 + 80 - 20 - 30 - 40 =$

$180 - 30 + 120 - 240 - 10 + 224 =$

$30 : 3 \cdot 10 : 5 \cdot 4 : 10 \cdot 2 : 8 =$

$1 \cdot 2 \cdot 3 \cdot 4 \cdot 5 \cdot 6 \cdot 7 =$

40

7

10

100

15

230

0

244

5040

2

Hilf Franzl beim Lösen der Strohballen.

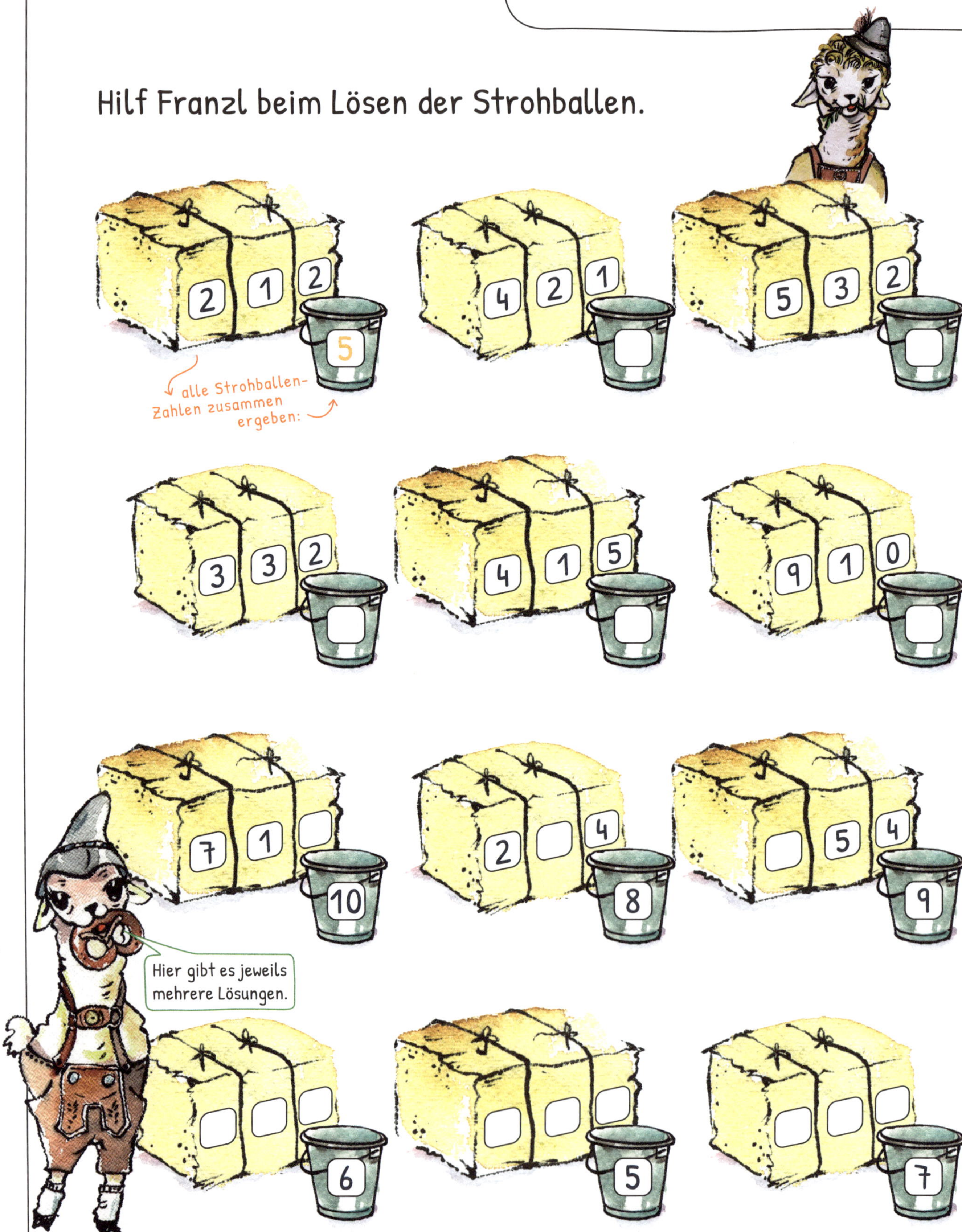

Die Lösung findest du hinten im Heft.

STUNDE DER WAHRHEIT

Ha! Jetzt kommt die Stunde der Wahrheit.
Welches Lama bist du?

Zähle alle Seiten, die du (ganz oder nur für dein Lama-Level) gelöst hast. Spaßseiten zählen dabei ebenso wie Mathe- oder Deutschseiten.
Finde dann mit Hilfe deiner Punktzahl dein Lama...

Ich habe ☐ Seiten gelöst und bin ein

- ☐ 0–5: Sleepy Lama
- ☐ 6–11: Pupsi Lama
- ☐ 12–16: Hippie Lama
- ☐ 17–20: Rechen Lama
- ☐ 21–23: Rockstar Lama
- ☐ 24 und mehr: Cool Lama

Na, zufrieden? Ich finde, du hast dich super geschlagen, und hatte viel Spaß mit dir!

Bis zu den nächsten Ferien.
Dein COOLLAMA

LÖSUNGEN

S. 4: RECHEN-RAD

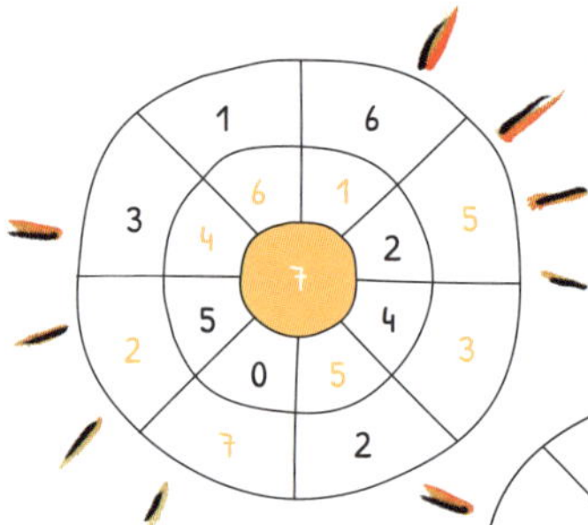

Fülle die Lücken.
Die Zahlen in den beiden äußeren Kreisen ergeben zusammen die Zahl in der Mitte.

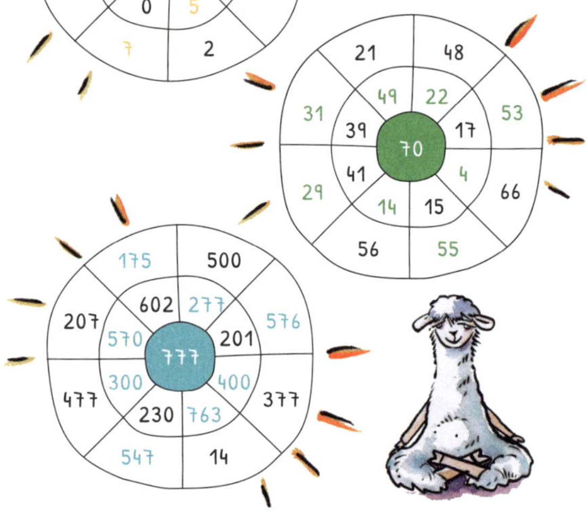

S. 5: LAMA-GRÜBELEI

Rechne die beiden größeren Zahlen zusammen und ziehe die kleinste Zahl ab.
Kreise das richtige Ergebnis ein.

S. 6: WER BIN ICH?

Finde heraus, wer ich bin.

1. Ich bin ein ganz freundliches Lama.
2. Meine Augenfarbe ist schwarz.
3. Ich habe keine tief hängenden Ohren.
4. Meine Schnauze ist hell.
5. Um mich herum haben einige Lamas gelbes Fell.
6. Mit meiner Fellfarbe steche ich oft hervor.
7. Das Lama neben mir hat grünes Haar.

S. 7: VOGELSCHEUCHEN-MATHE

Der Hut der Vogelscheuche zeigt das Ergebnis. Fülle die Lücken.

LÖSUNGEN

S. 8: WÖRTER-DETEKTIV

In der Buchstabenbox haben sich neun Wörter rund um Lamas, Kamele und Co versteckt. Findest du sie alle?

R	W	W	A	S	S	E	R	H	I
Q	T	E	P	O	Ü	L	M	U	N
D	R	O	M	E	D	A	R	V	E
A	L	P	A	K	A	S	O	U	P
X	W	U	P	K	M	T	R	S	H
S	P	U	C	K	E	N	M	C	K
H	Ö	C	K	E	R	A	S	J	E
X	W	U	P	K	I	E	N	Ü	W
J	Ä	Z	F	T	K	A	C	K	A
P	U	P	S	Y	A	N	D	E	N

1. ALPAKA
2. ANDEN
3. DROMEDAR
4. HÖCKER
5. KACKA
6. PUPS
7. SPUCKEN
8. SÜDAMERIKA
9. WASSER

S. 9 und 10: RECHEN-STERNE

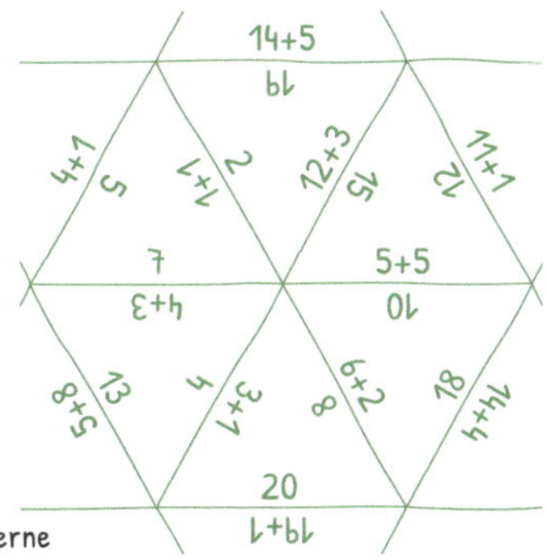

So legst du die Sterne wieder richtig zusammen.

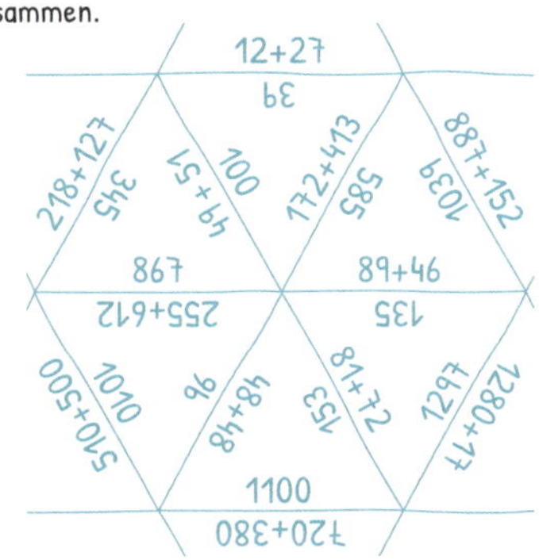

S. 12: MAL-EIMER

S. 15: WER WAR'S?

Welches Lama hat hier hingeköttelt?!
Rechne die Aufgaben der Reihenfolge nach aus.
Markiere das Ergebnis und finde den Übeltäter!

1	6	7	8	0	6	10	2
9	4	2	6	1	3	3	1
8	7	8	4	7	5	9	8
1	10	3	8	3	6	7	10
5	4	6	1	10	8	2	5
3	9	2	7	0	8	4	10
4	8	7	5	2	8	9	7
2	3	9	4	10	3	0	8

a) 3 + 2 = 5
b) 3 + 1 = 4
c) 8 + 2 = 10
d) 3 + 4 = 7
e) 2 + 2 = 4
f) 4 + 2 = 6
g) 5 + 2 = 7
h) 4 + 4 = 8
i) 2 + 4 = 6
j) 3 + 1 = 4
k) 1 + 6 = 7
l) 1 + 4 = 5
m) 3 + 3 = 6
n) 1 + 7 = 8
o) 2 + 8 = 10
p) 1 + 0 = 1
q) 2 + 5 = 7
r) 4 + 1 = 5
s) 1 + 3 = 4
t) 6 + 4 = 10
u) 2 + 1 = 3
v) 7 + 1 = 8
w) 5 + 4 = 9
x) 4 + 3 = 7

LÖSUNGEN

S. 16: LAMA KUNTERBUNT

Löse die Aufgaben und male in den entsprechenden Farben aus.

S. 17: KREUZWORTRÄTSEL

Beantworte die Fragen.

1. Bibi Blocksberg ist eine ...
2. Fest, bei dem man von Tür zu Tür geht, um Süßigkeiten zu bekommen
3. Sichtbarer, feuchter Dunst
4. Blätter von Bäumen und Sträuchern
5. Wird meist nachts im Freien entzündet
6. Saal mit großer Leinwand, auf der Filme gezeigt werden
7. Herbstliche, runde und meist orangene Frucht
8. Fällt aus Wolken hinunter
9. Braune Früchte, die sich in einer stacheligen Hülle befinden und im Herbst vom Baum fallen

S. 18: LAMA-LUPE

Entdeckst du, welche Bildausschnitte hier durch die große Lama-Lupe angesehen werden? Kreise ein.

S. 19: RECHENRÄTSEL

Rechne die Aufgaben aus und löse das Rätsel.

1. Löse alle Aufgaben

20-5	8:2	48-31	6·3	7+4	4·5
15	4	17	18	11	20
M	A	T	S	C	H

3. Trage die passenden Buchstaben ein und entziffere die Lösung!

2·50	30-18	25:5	57-52	3·4	5·7
100	12	5	5	12	35
W	E	T	T	E	R

2. Welches Ergebnis steht für welchen Buchstaben?

4	11	17	20	12	15	100	5	18	35
A	C	T	H	E	M	W	T	S	R

LÖSUNGEN

S. 20: KASTANIEN-PYRAMIDEN

Setze die fehlenden Zahlen ein.

10
6 4
3 3 1

40
14 26
8 6 20
6 2 4 16
5 1 1 3 13

262
135 127
61 74 53
19 42 32 21
5 14 28 4 17

Zwei Kastanien nebeneinander ergeben die Zahl darüber.

S. 22: KÖTTEL-CHAOS

In jedem Köttelhaufen versteckt sich ein Wort. Findest du es?

F / E R / N I E – FERIEN

K / E L / O W N – WOLKEN

Ü / B C / E R H – BÜCHER

I / C E / L H E – EICHEL

D / C A / R H E – DRACHE

C / H M / S R I – SCHIRM

P / Z E / L Z U – PUZZLE

U / T Q / I T E – QUITTE

F / Ü T / E Z P – PFÜTZE

S. 24: LAMA-LOGIK

Welche Zahlen verstecken sich unter den Lamas?

1	2	3	4	5	6		8	9	10
11		13	14	15	16	17	18	19	20
21	22	23	24	25	26	27	28		30
31	32	33	34			37	38	39	40
41	42		44	45	46	47		49	50
51	52	53	54	55	56	57	58	59	
61	62	63	64	65		67	68	69	70
	72	73	74	75	76	77	78	79	80
81	82	83	84	85	86	87		89	90
91	92		94	95	96	97	98	99	100

= 7 = 48
= 12 = 60
= 29 = 66
= 35 = 71
= 36 = 88
= 43 = 93

= 880 = 848
= 875 = 856
= 829 = 801
= 835 = 817
= 862 = 888
= 843 = 893

	802	803	804	805	806	807	808	809	810
811	812	813	814	815	816		818	819	820
821	822	823	824	825	826	827	828		830
831	832	833	834		836	837	838	839	840
841	842		844	845	846	847		849	850
851	852	853	854	855		857	858	859	860
861		863	864	865	866	867	868	869	870
871	872	873	874		876	877	878	879	
881	882	883	884	885	886	887		889	890
891	892		894	895	896	897	898	899	900

S. 26: MUSTERMIX

Setze die Muster fort.

LÖSUNGEN

S. 27: RECHNEN UND MALEN

Rechne schriftlich und male die Ergebnisfelder aus.

- 281 + 519 = 800
- 623 + 17 = 640
- 431 + 492 = 923
- 799 + 135 = 934
- 564 + 368 = 932
- 999 − 768 = 231
- 650 − 328 = 322
- 967 − 830 = 137
- 312 − 99 = 213

S. 28: EINKAUFEN

Kreuze an.

Ein Lolli kostet 1,20 €. Welches Lama kann sich einen Lolli kaufen?

S. 29: WO SIND SIE?

Lama Lara hat ihre Freunde Mara und Magnus verloren. Hilf ihr sie wiederzufinden!
Folge den Linien und schreibe die Buchstaben auf, dann findest du heraus, wo Mara und Magnus sind.

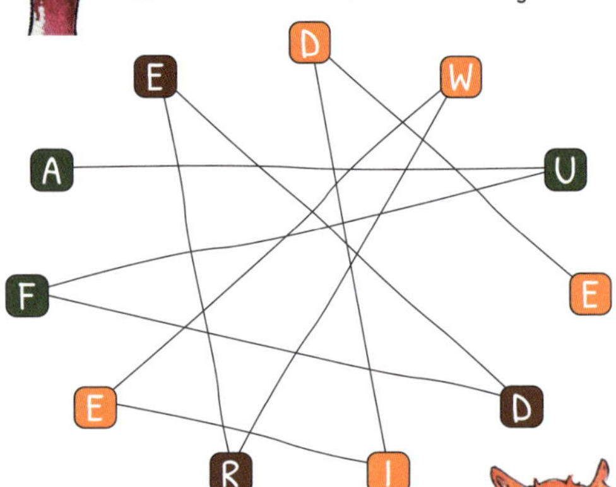

Wir sind

AUF DER WEIDE.

S. 31: HERBST-KNOBELEI

Findest du heraus, welche Zahlen du einsetzen musst, damit die Gleichungen stimmen?

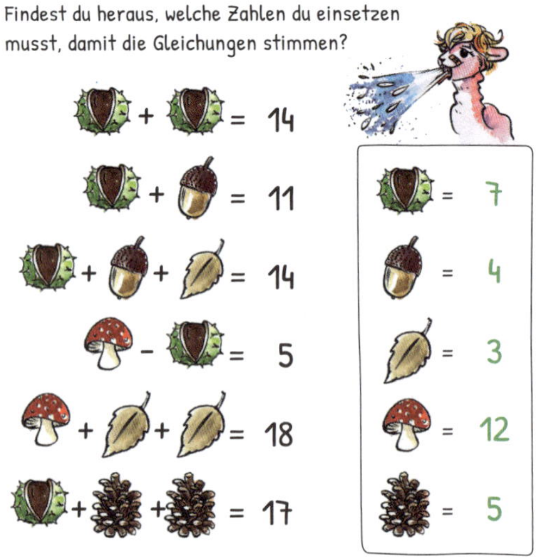

LÖSUNGEN

S. 32: ZAPFENSTREICH

Rechne die Aufgaben und löse das Rätsel.

1. Löse alle Aufgaben. Beginne mit der linken Spalte.

7·7 =	49 → S	56 → A	373−120 =	253 → F	233 → C
172+55 =	217 → T	227 → C	108:9 =	12 → E	15 → I
88:8 =	10 → L	11 → H	14·5 =	170 → M	70 → R
284−150 =	134 → Ö	137 → P	64:8 =	8 → I	6 → J
9·8 =	72 → N	81 → F	90·6 =	54 → D	540 → E
1020−920 =	110 → K	100 → E	212+250 =	472 → S	462 → N

2. Das passende Ergebnis verrät dir den richtigen Buchstaben.

3. Lösungssatz

S C H Ö N E

F E R I E N

S. 33: RICHTIG ODER FALSCH?

Lama Fun Facts: richtig oder falsch? Kreise jeweils den Buchstaben in der passenden Farbe ein.

1) Die Kacka von Lamas stinkt nicht! L G
2) Lamas sind eine Art von Kamel. A R
3) Ein erwachsenes Lama ist schneller als ein Gepard. O M
4) Lamas kommen aus Mallorca. S A
5) Lamas spucken meist, um anderen Lamas zu zeigen, dass sie der Boss sind. K H
6) Sie spucken nicht nur Wasser, sondern auch halb verdautes Essen aus. Ö Ü
7) Lamas können nicht schwimmen. P T
8) Lamaherden werden immer von einer Leitstute angeführt. T F
9) Lamas essen gerne Kekse. H E
10) Wenn Lamas die Ohren anlegen und den Schwanz hochstellen, fühlen sie sich unwohl. L R

LÖSUNGSWORT: LAMAKÖTTEL

Dreh die Seite um und werde ein Lama-Profi!

1) Richtig! Da der Lamamagen das Essen besonders gut verdaut und verwertet, ist die Kacka von Lamas fast geruchlos.
2) Richtig! Auch wenn sie etwas kleiner sind und keinen Höcker haben, gehören die Lamas zur Familie der Kamele.
3) Falsch! Lamas können zwar gut steile Wege meistern, sonderlich schnelle Tiere sind sie aber nicht.
4) Falsch! Lamas stammen aus einem ganz anderen Kontinent, nämlich Südamerika.
5) Richtig! Mit dem Spucken klären die Lamas die Rangordnung in der Herde.
6) Richtig! Daher ist die ausgespuckte Masse meist auch grünlich und stinkt.
7) Falsch! Lamas sind recht gute Schwimmer.
8) Richtig! Die Lama-Ladies in einer Herde sind immer ranghöher als die männlichen Lamas.
9) Falsch! Davon würden sie ganz schlimme Bauchschmerzen bekommen. Lamas genießen viel lieber Gräser und krautartige Pflanzen.
10) Richtig! Wenn dann noch gurgelnde Geräusche hinzukommen, sollte man lieber das Weite suchen.

S. 34: WER MACHT WAS?

Welches Lama hat welches Hobby? Folge den Linien, sammle die Buchstaben und finde es heraus!

JULIAN	FRANZL	MALIN	PRINCESS
KLETTERN	MALEN	RADFAHREN	TANZEN

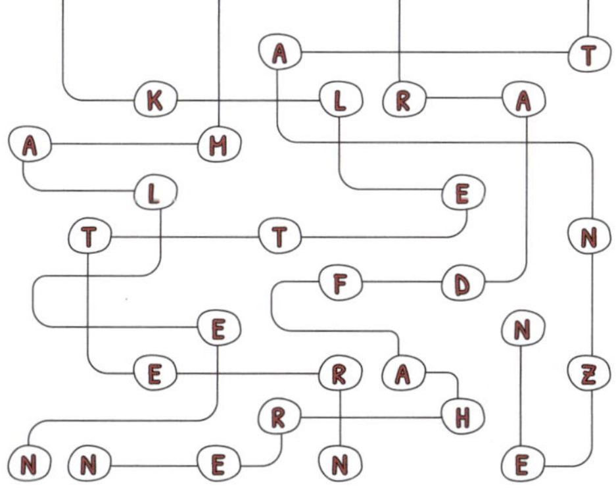

S. 35: ZAHLEN ZERLEGEN

Löse die Zahlenhäuser.

Haus	Dach	links	rechts
1	8	3	5
2	7	2	5
3	5	2	3
4	6	4	2
5	4	3	1
6	1	0	1
7	10	4	6
8	3	1	2
9	9	5	4
10	7	3	4
11	8	6	2
12	2	1	1

LÖSUNGEN

S. 36: ZAHLEN-LAMAS

Meine Zahl hat 3 Zehner und 1 Einer. Sie hat genau so viele Zehner wie Hunderter und doppelt so viele Tausender.
Meine Zahl heißt 6331.

Meine Zahl ist die größte vierstellige, gerade Zahl.
Meine Zahl heißt 9998.

Meine Zahl liegt zwischen 300 und 400. Sie hat die Ziffern 3,4 und 6.
Meine Zahl heißt 364.

Meine Zahl ist die kleinste Zahl, die man aus den Zahlen 7,3 und 9 bilden kann.
Meine Zahl heißt 379.

Diese beiden Lamas sind nicht beschrieben:

Meine Zahl ist die größte Zahl, die man aus den Ziffern 4, 5 und 3 bilden kann.
Meine Zahl heißt 543.

Meine Zahl ist die kleinste, ungerade, dreistellige Zahl.
Meine Zahl heißt 101.

S. 37: LAMA-LABYRINTH

Mit Pups-Kraft durchs Labyrinth. Zeige dem Lama den Weg zum Lolli.

S. 39: HERBSTSTURM

Der Sturm hat die Ergebnisse durcheinander geweht! Verbinde.

1 + 1 + 1 + 1 + 1 + 1 + 1 =
2 3 4 5 6 7

1 + 2 + 1 + 2 + 1 + 2 + 1 =
3 4 6 7 9 10

20 – 10 + 20 – 20 – 10 + 0 – 0 =
10 30 10 0 0 0

5 + 10 + 15 + 5 – 25 – 10 + 15 =
15 30 35 10 0 15

10 + 20 + 30 + 40 – 10 – 20 – 30 =
30 60 100 90 70 40

100 – 50 + 100 – 50 – 100 + 50 + 50 =
50 150 100 0 50 100

80 + 80 + 80 + 80 – 20 – 30 – 40 =
160 240 320 300 270 230

180 – 30 + 120 – 240 – 10 + 224 =
150 270 30 20 244

30 : 3 · 10 : 5 · 4 : 10 · 2 : 8 =
10 100 20 80 8 16 2

1 · 2 · 3 · 4 · 5 · 6 · 7 =
2 6 24 120 720 5040

S. 40: STROHSTADL

Hilf Franzl beim Lösen der Strohballen.

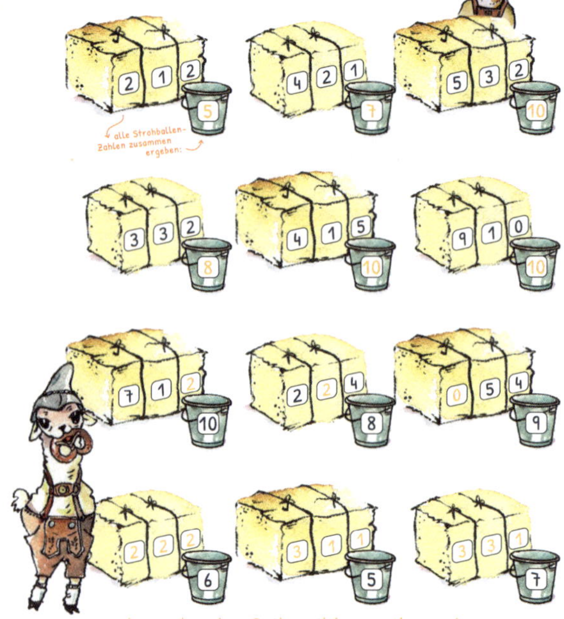

In der untersten Reihe gibt es mehrere Lösungen.